CONSTITUTION

PHYSIQUE

DU SOLEIL

EXPLICATION

DE LA FORMATION ET DE LA DISPARITION DES TACHES

PAR

le Colonel d'Artillerie en retraite

A. GAZAN

ANCIEN ÉLÈVE DE L'ÉCOLE POLYTECHNIQUE
COMMANDEUR DE LA LÉGION D'HONNEUR
EX-CONSEILLER GÉNÉRAL DU VAR ET DES ALPES-MARITIMES
OFFICIER DE L'INSTRUCTION PUBLIQUE
ET MEMBRE DE PLUSIEURS SOCIÉTÉS SAVANTES

ANTIBES

J. MARCHAND, IMPRIMEUR-LIBRAIRE

1873

CONSTITUTION PHYSIQUE DU SOLEIL

ET

EXPLICATION DES TACHES

ANTIBES. — IMPRIMERIE DE J. MARCHAND.

CONSTITUTION

PHYSIQUE

DU SOLEIL

EXPLICATION

DE LA FORMATION ET DE LA DISPARITION DES TACHES

PAR

le Colonel d'Artillerie en retraite

A. GAZAN

ANCIEN ÉLÈVE DE L'ÉCOLE POLYTECHNIQUE
COMMANDEUR DE LA LÉGION D'HONNEUR
EX-CONSEILLER GÉNÉRAL DU VAR ET DES ALPES-MARITIMES
OFFICIER DE L'INSTRUCTION PUBLIQUE
ET MEMBRE DE PLUSIEURS SOCIÉTÉS SAVANTES

ANTIBES

J. MARCHAND, IMPRIMEUR-LIBRAIRE

1873

HOMMAGE

A LA MÉMOIRE

De mon vénérable Cousin M. le Baron DE DAMOISEAU

Célèbre parmi les Astronomes calculateurs

ET

A LA MÉMOIRE

De François ARAGO

Mon illustre Maître

—⚹—

AU P. A. SECCHI

Dont les belles et nombreuses observations sont venues à l'appui de ma théorie.

A. GAZAN.

AVANT-PROPOS

Nous avons exposé, dans un article de la *Presse scientifique et industrielle des deux mondes*, publiée par M. J.-A. Barral [1], une nouvelle hypothèse sur la formation de notre système solaire. Cet article a passé inaperçu, comme nous nous y attendions, l'ayant abandonné à lui-même et sans solliciter la réclame d'aucun journal.

Depuis, nous avons cherché à nous tenir au courant des nouvelles découvertes astronomiques et physiques. Toutes nous ont confirmé de plus en plus dans notre opinion; mais c'est surtout après avoir lu le livre du P. Secchi, sur le Soleil, et la note de

[1] Paris, chez MM. Delagrave et C⁽ⁱᵉ⁾, tome II, n⁰ 19, du 9 décembre 1866.

M. Faye, sur les comètes, insérée dans le n° 215 de *l'Association scientifique de France* [1], que notre conviction est devenue encore plus intime.

Nous avons combattu les idées reçues sur l'origine des corps qui circulent autour du Soleil et surtout sur la constitution du Soleil lui-même. La formation du système solaire par la condensation d'une nébuleuse est une idée purement théorique, qui ne repose sur aucun fait, sur aucune analogie; et quant à la photosphère nuageuse du Soleil, c'est, ainsi que le fait remarquer le docteur Lardner [2], « une supposition qui, de prime abord, doit paraître bien *singulière*. » Nous persistons à la regarder comme inadmissible, quoiqu'elle soit presque généralement admise depuis longtemps.

Nous allons nous trouver en présence de nombreux et puissants contradicteurs; mais ils sont trop haut placés dans l'estime universelle, pour ne pas nous accorder l'examen sérieux que nous leur demandons, et nous avons foi dans leur impartialité.

Et qu'on ne pense pas qu'il nous a fallu de l'audace pour nous exposer à une critique si générale. Non. Par de l'audace on peut cacher une grande crainte, tandis que nous obéissons à la plus profonde conviction, notre hypothèse étant appuyée sur l'analo-

[1] 17 décembre 1871.
[2] *Le Muséum des sciences et des arts*, tome I, page 79.

gie la plus évidente et justifiée par l'explication qu'elle donne des phénomènes constatés.

La formation du système solaire est une question de philosophie naturelle, qui peut être traitée sans le secours des équations différentielles et intégrales. Les résultats obtenus et publiés par les astronomes observateurs et calculateurs appartiennent au domaine public, et ils n'ont pas exclusivement le droit de les étudier et d'en déduire des conséquences. Celui qui peut réunir en corps de doctrine toutes les connaissances astronomiques peut donc les méditer et les commenter, s'il n'est pas complétement étranger aux sciences naturelles et aux sciences exactes.

Aussi notre hypothèse est loin d'être l'effet d'une *intuition* ou d'une *divination*. L'étude de l'astronomie nous a séduit dès l'École polytechnique. Nous lui avons consacré une grande partie de nos loisirs d'artilleur. Pendant plusieurs années, nous avons suivi le cours d'astronomie d'Arago à l'Observatoire, et depuis notre admission à la retraite, en 1852, nous en avons fait notre principale occupation.

Qu'on ne nous regarde donc pas comme un visionnaire disposé à se contenter des fantaisies de son imagination. Notre travail est le fruit de longues méditations, de longues et sérieuses études. En le publiant, nous n'avons été poussé que par l'amour de la vérité, dont nous le croyons l'expression réelle. Sera-t-elle acceptée? Nous osons l'espérer. Dans le cas contraire, comme pour tant d'autres, le temps viendra à son aide :

Etsi tarda, surgit tandem veritas.

CONSTITUTION PHYSIQUE DU SOLEIL

ET

EXPLICATION DES TACHES

La supposition que nous avons faite pour expliquer la formation de notre système solaire, *la rencontre de deux soleils à l'état liquide,* n'est pas plus susceptible d'être démontrée que celle de la nébuleuse, qui sert de base à l'explication due au génie de l'immortel Laplace, explication qu'il n'a donnée qu'avec réserve et pour laquelle Arago reconnaît qu'il existe encore des doutes [1]. Nous ne croyons pas cependant que notre hypothèse soit inadmissible, même *à priori,* et que l'on ne puisse accorder que, dans le nombre infini de soleils qui peuplent l'espace, deux d'entr'eux aient pu se rencontrer, et que de pareils chocs aient eu lieu et puissent se renouveler à notre insu.

N'y aurait-il en faveur de cette rencontre que la probabilité d'une impulsion commune pour tous les corps planétaires, probabilité de plusieurs milliards à parier contre un [2]; et la conséquence qui en découle, la faible différence qui existe entre l'inclinai-

[1] *Astronomie populaire,* tome II, page 453.
[2] *Id.,* tome II, page 450.

son des plans de leurs orbites sur l'écliptique, que
la formation des planètes semblerait résulter évi-
demment d'un choc unique; et si nous ajoutons que
leur distance au Soleil est, pour la plupart, et con-
formément à la théorie, en raison inverse de leur
densité (1); et que les résultats de l'analyse spectrale

(1) L'anomalie qui existe pour Vénus, Uranus et Neptune pro-
vient de la difficulté de mesurer leurs diamètres, et nous n'hésitons
pas à affirmer que des observations plus exactes constateront que
la densité de Vénus est entre 1.501 et 1.000, densités de Mercure
et de la Terre; et que les densités des quatre grandes planètes vont
également en décroissant depuis Jupiter jusqu'à Neptune.

En admettant même, comme le croit M. Encke, que la densité de
Mercure est moindre que celle adoptée et se rapproche de la densité
de la Terre, elle n'en devrait pas moins rester supérieure à celle-ci.

Quant à la Lune, nous dirons seulement que sa densité doit être
supérieure à celle de Mars, ce qui sera difficile à prouver, son vo-
lume ne devant jamais être évalué avec certitude.

Le tableau ci-dessous nous semble parfaitement justifier nos as-
sertions, par la divergence des résultats qu'il présente :

| NOMS DES PLANÈTES | DENSITÉS, D'APRÈS | | | | |
| | LALANDE | ARAGO | LE BUREAU DES LONGITUDES | | |
			1861	1866, 1867	1870, 1871, 1873
Mercure	2.583	1.234	2.940	1.501	1.376
Vénus	1.038	0.923	0.923	0.987	0.905
La Terre	1.000	1.000	1.000	1.000	1.000
Mars	0.656	0.948	0.948	0.779	0.714
Jupiter	0.238	0.238	0.238	0.257	0.236
Saturne	0.104	0.138	0.138	0.132	0.121
Uranus	0.220	0.180	0.180	0.228	0.209
Neptune	»	0.222	0.222	0.236	0.216
Le Soleil	0.254	0.252	0.252	0.276	0.253
La Lune	0.742	0.619	0.557	0.653	0.602

Nous finissons cette note en faisant remarquer que, dans la co-
lonne de Lalande, la densité de Vénus est supérieure à celle de la

démontrent la paternité du Soleil, c'est-à-dire la présence dans cet astre des mêmes substances que dans les planètes, notre hypothèse acquiert tous les caractères de la certitude.

Nous reprendrons plus tard ce premier travail, et nous lui donnerons tous les développements qu'il comporte, notamment pour les comètes, dont les queues sont le sujet d'une nouvelle controverse et d'une hypothèse de M. Faye, qui admet une force répulsive dans le Soleil. Aujourd'hui, nous nous bornons à en extraire et a en développer ce qui concerne la constitution du Soleil et l'explication des taches.

D'après les analogies qui existent entre tous les corps du système solaire [1], et d'après les résultats de l'analyse spectrale, nous disons que le Soleil n'est qu'une grosse Terre en voie de se refroidir et de s'éteindre, comme elle, en passant par les mêmes phases. Ce ne sera qu'après un temps très considérable, probablement qu'après des millions d'années, qu'il cessera d'éclairer et de vivifier les corps qui sont sous sa dépendance, tant sa masse est énorme et sa température élevée. Mais déjà une croûte ana-

Terre ; et que la densité donnée à la Lune l'emporte sur les dernières évaluations de la densité de Mars, ce qui vient à l'appui de notre assertion. Enfin, que la densité du Soleil est certainement trop faible, l'extrême difficulté de mesurer son diamètre n'ayant pas même permis d'apprécier son aplatissement, ce qui le fait encore regarder comme parfaitement sphérique.

[1] Article cité de la *Presse scientifique et industrielle des deux mondes*, pages 522 et suiv. ; l'analogie entre la Terre et le Soleil est indéniable et indépendante de toute hypothèse sur la formation du système solaire.

logue à celle que nous habitons sur la Terre, et qui contient les matières en fusion du noyau ou corps du Soleil, a acquis une certaine épaisseur. Elle est surmontée d'une couche pâteuse à la surface de contact, liquide et lumineuse à sa partie supérieure, et sur laquelle repose une atmosphère immense dont la densité va en décroissant jusqu'à sa limite. (*Planche I, fig. 1.*) [1]

La couche pâteuse, que nous appellerons la *pastosphère* [2], ne contient que des matières minérales en fusion, primitivement en vapeurs dans l'atmosphère et que le refroidissement lui a enlevées. Les couches inférieures de l'atmosphère sont formées par des substances minérales encore en vapeurs et les couches supérieures sont des gaz et de l'eau vaporisée.

Il est évident que les matières ne sont pas nettement séparées et que, tant dans la couche pâteuse que dans l'atmosphère, bien que placées par ordre de densité, elles se succèdent en se pénétrant plus ou moins.

Ainsi, à la surface de contact de la croûte solide avec la pastosphère, celle-ci est presque à l'état solide; mais sa densité va en diminuant dans les parties supérieures, jusqu'à devenir liquide, et les diverses matières dont elle est composée se mélangent, en partie, et ne sont pas exactement disposées en couches parfaitement concentriques et homogènes. Une disposition analogue a lieu pour l'atmosphère,

(1) Est-il nécessaire de dire que les figures de cette planche et de la planche II ne sont que des images sans proportions?

2 De παστός, *pâteux*, et de σφαῖρα, *sphère*.

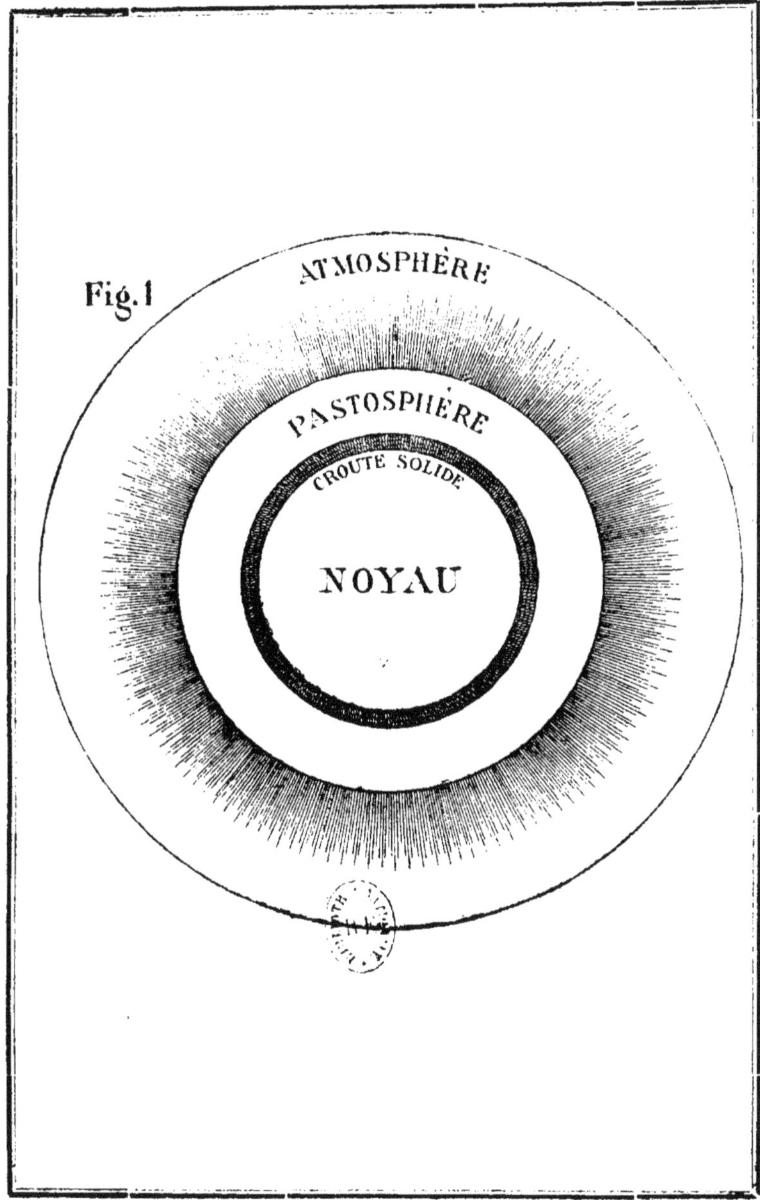
Fig.1
ATMOSPHÈRE
PASTOSPHÈRE
CROUTE SOLIDE
NOYAU

dont les premières couches sont, nous le répétons, de la matière lumineuse de la pastosphère en vapeurs.

Les premiers éléments de la croûte solide ont été les roches les moins fusibles, qui ont commencé à se solidifier dès que les premières déperditions du calorique de la masse ont eu lieu, bien que placées entre des matières plus fusibles et qui, malgré la diminution de température, se maintenaient et se maintiennent encore à l'état liquide ou pâteux.

Comme pour la Terre, le terrain primitif du Soleil a été formé par les roches granitiques, schisteuses et autres que le refroidissement a séparées les premières des matières parmi lesquelles elles étaient en fusion; et son épaisseur a augmenté et continue à augmenter tous les jours, tant par les sédiments de la pastosphère que par le refroidissement des matières du noyau sur lequel il repose.

Pendant sa formation, il a dû éprouver de nombreuses dislocations, par suite des efforts incessants des matières intérieures; et le grand nombre de taches qui se forment encore fréquemment à la surface du Soleil prouve que l'épaisseur de ce terrain n'est pas encore suffisante pour résister aux tempêtes des matières en fusion, dont les efforts, unis au maximum de la force centrifuge, qui existe dans la région équatoriale, font, de ses environs, la région où ces taches se manifestent, pour ainsi dire exclusivement. Elles disparaîtront pour toujours, lorsqu'après s'être approprié les matières minérales de la pastosphère, ainsi qu'une partie des matières du noyau, le terrain du Soleil aura acquis assez de résistance pour contrebalancer et surpasser enfin les forces qui tendent à le briser [1].

Le Soleil continuera à éclairer son petit monde jusqu'à ce que les matières minérales de la pastosphère et de l'atmosphère aient été complétement solidifiées, ainsi que cela a eu lieu pour la Terre, et deviendra opaque comme elle [2]. Alors l'eau, en vapeur dans son atmosphère, pourra devenir liquide à sa surface, et il n'y restera que des gaz, probablement semblables à ceux de l'atmosphère terrestre.

On ne saurait dire ce qui se passera dans les autres planètes après l'extinction totale du Soleil; mais, certainement, la vie aura cessé sur la Terre, même avant ce grand changement.

Ainsi, après avoir été complétement lumineux, le Soleil est aujourd'hui composé de trois parties principales, à des états différents :

1° Un corps, ou noyau obscur, de matières en fusion contenues dans une croûte solide;

2° Une pastosphère, ou couche en partie pâteuse et en partie liquide et lumineuse;

3° Une atmosphère de vapeurs minérales, de gaz et de vapeurs d'eau. (*Planche I, fig. 1*, page 15.)

(1) Nous avons dit que le noyau ou corps du Soleil était composé de matières en fusion, ce qui n'exclut pas la présence probable de vapeurs et de gaz, même de l'hydrogène, dont les éruptions peuvent quelquefois se faire jour et traverser le pastosphère.

(2) Tout le monde convient que la Terre a passé par l'état liquide; d'où, pendant la solidification de la croûte que nous habitons, elle a eu sa pastosphère et ses taches.

Et le P. Secchi, page 346 :

D'après la volatilisation qu'ont éprouvée les matières terrestres, ne trouve-t-il pas « quelque chose d'analogue avec la disposition des substances qui composent le Soleil? »

Abordons maintenant la question la plus importante sur la constitution du Soleil, l'explication des taches, et voyons quelle est l'hypothèse qui répond le mieux à toutes les circonstances qu'elles présentent.

Wilson avait raison. Les taches, à un certain moment, sont de véritables cavités qui ressemblent à des cratères; mais il les supposait formées dans une *photosphère* d'une constitution semblable à celle des nuages, consistant en un brouillard lumineux.

Cette hypothèse, qu'une seule observation suffit pour détruire, a pourtant survécu jusqu'à nos jours, et c'est sur elle encore que repose la théorie du Soleil la plus généralement adoptée. Eh quoi! l'on admet que les taches sont des cavités qui se manifestent dans un brouillard, lorsqu'on les voit subsister pendant des heures, des jours, une et plusieurs révolutions de l'astre, révolutions de vingt-cinq jours chacune? Et c'est à la surface d'un globe aussi brûlant que le Soleil, que l'on croit à une pareille persistance d'un nuage? Des cyclones, des vents alisés, des éruptions volcaniques peuvent-ils suffire pour en expliquer l'origine et la permanence [1]? Non. L'hypothèse de la photosphère est plus que *singulière*, et n'explique pas, du reste, tous les phéno-

---

(1) Il n'y a pas de volcans dans le Soleil, parce que la croûte qui entoure le noyau n'a pas encore assez d'épaisseur pour donner lieu à des soulèvements de montagnes. Des matières en fusion du noyau pourraient peut-être, en certains cas, arriver jusqu'à la surface de la pasthosphère: mais l'hypothèse des taches formées par des scories de volcans n'est pas plus soutenable que celle de la photosphère.

mènes qui accompagnent la formation des taches, entre autres l'absence de la pénombre au moment de l'apparition.

Voyons si nous résolvons mieux le problème.

Supposons qu'un morceau de la croûte du noyau, solidifiée, mais incapable de résister aux efforts expansifs des matières intérieures, secondée par la force centrifuge, se détache et soit lancé à travers la pastosphère. *(Planche II, fig. 2* (A). Il soulèvera la portion de cette couche qui lui offrira de la résistance, la refoulera en dehors, et, après s'en être dégagé, il surnagera à la surface.

Les matières liquides de la pastosphère recevront d'abord un mouvement tumultueux qui annoncera la formation de la tache et donnera naissance à des torrents divergents, c'est-à-dire à des facules lumineuses. Puis il apparaîtra vers le centre un point noir, un pore, dont l'étendue ira en augmentant, jusqu'à ce que toute la matière qui recouvrait le morceau de croûte se soit écoulée et que la surface entière de celui-ci soit mise à nu. C'est cette surface qui forme la tache. *Planche II, fig.* 2.)

(B) Le morceau de croûte arrivant près de la surface de la pastosphère, formant un pore en a.

(C) Le morceau de croûte arrivé à la surface, dégagé de la matière lumineuse qui le recouvrait, par l'écoulement des facules, et formant la tache, *sans pénombre* (fig. 32 et 33) [1].

---

[1] Les figures que nous donnons dans le texte sont une imitation de quelques figures du livre *le Soleil*, et portent les mêmes numéros : mais il faut voir les belles figures originales.

EXPLICATION DES TACHES

Fig. 2

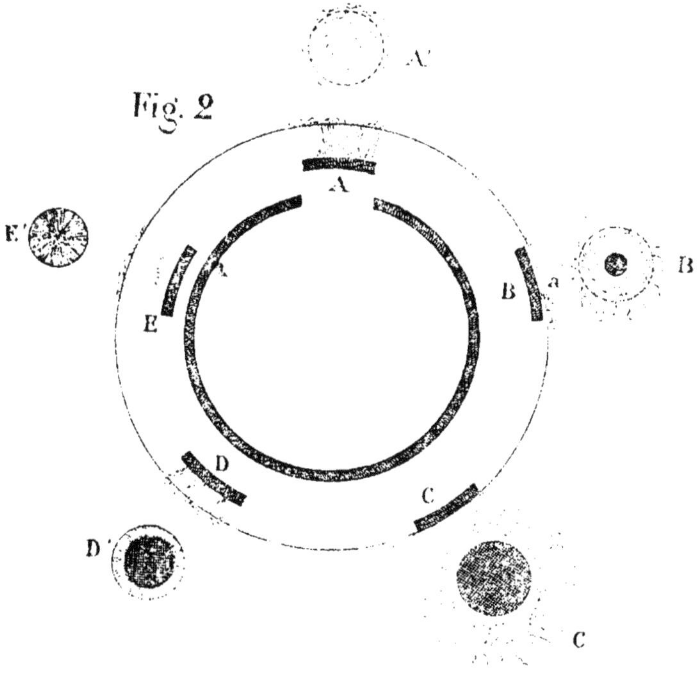

LÉGENDE

FORMATION.

A. Morceau de croûte lancé à travers la pastosphère.
A'. Effet produit à la surface.
B. Morceau de croûte arrivé près de la surface, formant un pore en a.
B'. Effet produit à la surface.
C. Morceau de croûte arrivé à la surface, entièrement dégagé, formant
   la tache, sans pénombre.
C'. Effet produit à la surface.

DISPARITION.

D. Morceau de croûte descendant, recouvert en partie, formant pé-
   nombre avec noyau.
D' Effet apparent, vu de face.
E. Morceau de croûte entièrement recouvert, formant pénombre sans
   noyau.
E'. Effet apparent, vu de face.

Ecoutons le P. Secchi [1] :

« Le temps de la formation d'une tache est extrê-

Fig. 32.

mement variable, et il est impossible d'y découvrir aucune loi. Cette formation n'est jamais instantanée

Fig. 33.

et toujours annoncée quelques jours d'avance; on aperçoit dans la photosphère une grande agitation, qui se manifeste tantôt par des facules, tantôt par des pores et par un amincissement de la couche lumineuse qui les sépare; ces pores se déplacent d'abord avec rapidité, puis l'un d'eux semble prendre le dessus et se transforme en une large ouverture [2]. »

(1) *Le Soleil*, page 38.
(2) Non. L'ouverture, la pénombre n'existent pas encore. Nous

Y a-t-il rien de plus conforme à notre hypothèse,
que cette succession de circonstances?

Est-ce que tout cela n'est pas la conséquence de
ce que nous venons de dire? Les facules, les pores
et l'amincissement de la couche qui les sépare ne
sont-ils pas produits par le soulèvement et l'écoulement de la matière lumineuse de la pastosphère?
N'annoncent-ils pas d'avance la formation de la tache? Et ces torrents de matière lumineuse n'expli-
quent-ils pas les changements considérables que
Herschel et d'autres astronomes ont constaté dans
les facules allongées? Enfin, lorsque les pores sont
nombreux, formés qu'ils sont par des fragments
plus faibles qui accompagnent le morceau de croûte,
ne doivent-ils pas disparaître par l'absorption qu'en
fait la grande cavité [1]?

Qu'on jette un seul coup d'œil sur les figures 32
et 33 du livre du P. Secchi, pages 55 et 56, et le
doute ne sera plus permis [2]. Mais, fait capital : « aux
premiers instants de la formation, ajoute le P. Secchi, *il n'y a point de pénombre nettement défi-
nie; elle se développe progressivement et devient
régulière à mesure que la tache elle-même prend
une forme arrondie.* » En effet, ce qu'on appelle la

allons voir comment elle se forme ; mais dans ce moment, il n'y a
que le morceau de croûte qui surnage, et dont la couleur sombre
produit l'illusion et la fait prendre pour une ouverture.

(1) Il peut arriver que la surface supérieure du morceau de croûte
présente plusieurs points saillants et donne naissance à plusieurs
pores. Mais alors ils ne sont pas mobiles et l'aspect est celui d'une
tache unique.

(2) Voir aussi page 23.

pénombre, c'est-à-dire la cavité, n'existe réellement pas au commencement de l'apparition.

Voyons comment elle prend naissance.

Le morceau détaché du noyau étant solide et d'une nature plus dense que les matières de la pastosphère, il doit descendre par l'action de la pesanteur et former un vide dans lequel les matières liquides et pâteuses viennent, en s'y précipitant, reprendre leur place primitive; ce qui doit durer plus ou moins longtemps, suivant leur degré de consistance[1] et les dimensions de la cavité qu'elles doivent remplir. *(Planche II, fig. 2* (D), page 21.)

C'est pendant l'écoulement des matières lumineuses que se forme le bourrelet que l'on aperçoit autour de l'ouverture supérieure, et c'est pendant le même temps que, tendant à se réunir vers le même point, elles donnent au vide une forme arrondie en tronc de cône renversé, et produisent les ruisseaux si bien représentés dans le livre du P. Secchi, notamment dans les figures 21 et 31, pages 39 et 54. (Voir aussi notre *planche II*, page 21.)

Il y a là un effet analogue à ce qui se passe lorsqu'un corps lourd tombe dans l'eau. Il y forme d'abord un vide, qui se ferme bientôt sur lui par le retour de l'eau qu'il avait écartée.

La disparition des taches a lieu, ainsi que nous l'avons dit, après un temps plus ou moins long, suivant qu'elles ont été formées dans une partie plus

---

(1) Cette consistance doit varier, en effet, le mouvement ascensionnel du morceau de croûte opérant nécessairement un mélange des matières pâteuses de la pastosphère et du noyau avec une partie des matières liquides et lumineuses.

ou moins dense, plus ou moins mélangée de la pastosphère, suivant les dimensions et la densité plus

Fig. 21

ou moins grande du morceau de la croûte qui les a
produites. C'est ce qui explique comment certaines

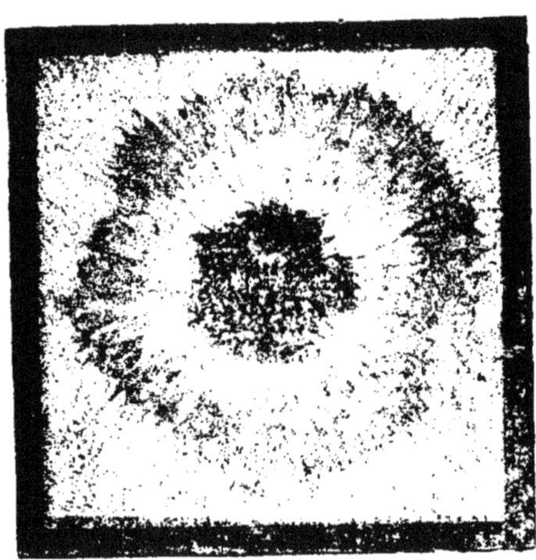

Fig. 31.

taches disparaissent promptement, tandis que d'autres subsistent pendant plusieurs révolutions du So-

leil sur son axe. La rentrée plus ou moins prompte
de la matière lumineuse, en recouvrant le morceau
de croûte, fait disparaître la tache et produit, comme
nous le verrons, les pénombres sans taches, avant
de remplir entièrement le vide.

« La tache représentée figure 21, dit le P. Secchi,
est de formation paisible et tranquille, et ne se réa-
lise qu'à des époques où le calme semble régner
dans l'atmosphère solaire; en général, le développe-
pement est plus tumultueux et complexe. » Et il cite
pour exemple la tache de la figure 22.

Fig. 22.

Tout cela est parfaitement conforme à notre théorie. La tache de la figure 21 a été formée par un
seul morceau de la croûte solide, tandis que celle de
la figure 22 l'a été par trois morceaux considérables
accompagnés d'un assez grand nombre de fragments
plus petits. Dans la première, les matières intérieures du noyau contenues par la surface inférieure du
morceau de croûte et par les matières de la pastosphère n'ont pu se mêler en assez grande quantité

avec les parties qui ont ensuite formé la cavité. Mais, dans la seconde, elles se sont mélangées aux matières de la pastosphère à travers les intervalles que laissaient entr'eux le grand nombre de morceaux; et la preuve en est, ainsi que nous le dirons ci-après, que cette tache a présenté des langues de feu, et que, d'un autre côté, ces matières du noyau étant plus denses que celles de la pastosphère, les morceaux de croûte ont éprouvé une plus grande résistance à leur descente, et que la tache n'a complétement disparu qu'après deux révolutions de l'astre.

Les autres apparences observées et que le P. Secchi a représentées dans les figures 31, 34 et 37 ont

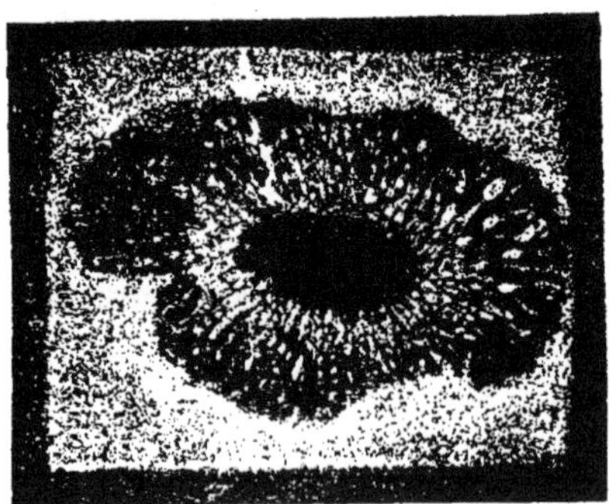

Fig. 31.

la même origine. Il faut en dire autant des ruisseaux en spirale de la figure 35; et si, comme nous l'avons déjà dit, un seul coup d'œil jeté sur les figures 32 et 33 suffit pour reconnaître qu'elles représentent les torrents de matière lumineuse produits par le soulèvement du morceau de la croûte en traversant la pastosphère, à l'instar de ce qui a lieu dans les dé-

jections volcaniques; il n'en faut pas davantage
pour être convaincu que les figures 21, 22, 31, 34,

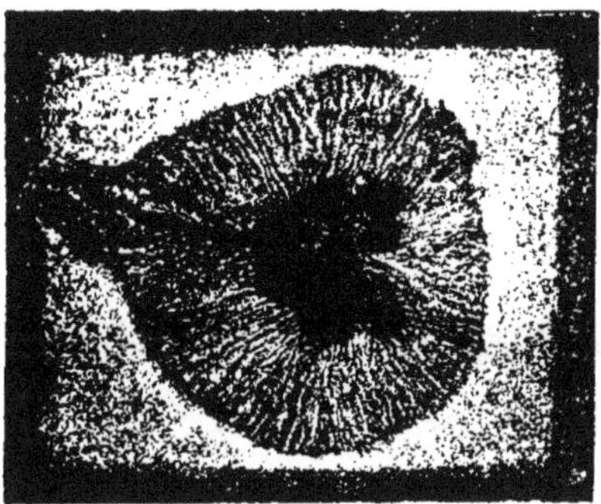

Fig. 37.

35 et 37 montrent jusqu'à l'évidence les ruisseaux
que la matière lumineuse forme en cherchant à re-

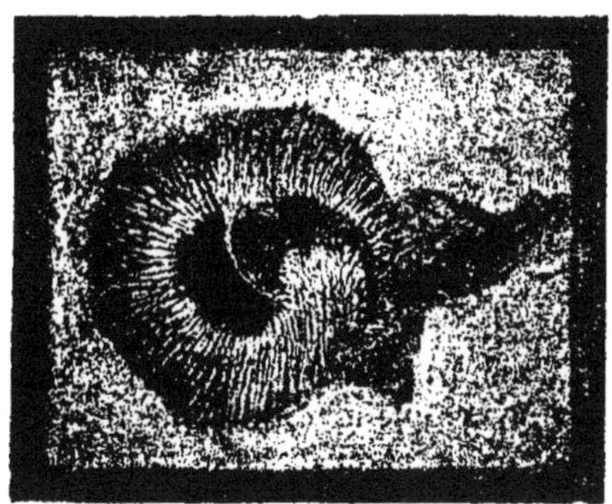

Fig. 35.

prendre son équilibre et en se précipitant dans la
cavité de la tache.

Est-ce que les courants lumineux dans le système
de la photosphère pourraient se présenter aussi nettement séparés, souvent interrompus *(fig. 34)* par

des matières provenant du noyau et plus denses,
qu'elles rencontrent? Il n'y a qu'une matière liquide
qui puisse produire les effets observés par le P. Secchi [1], et que nous retrouvons, du reste, plus ou
moins bien indiqués sur *toutes* les représentations
des taches solaires [2].

Quant aux figures 22, 23, 41, 43 et 48, elles se rap-

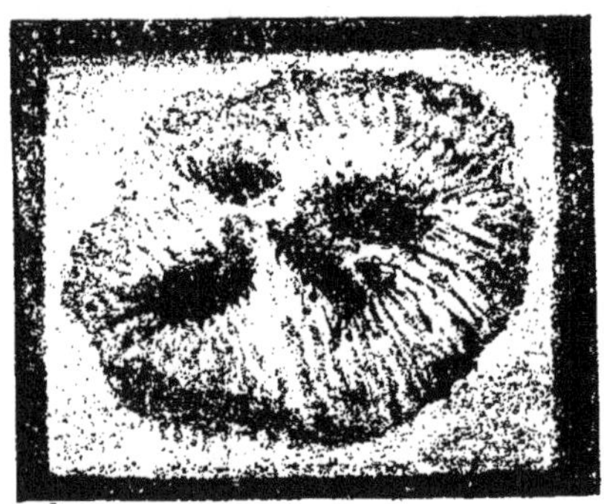

Fig. 1ᵉ.

(1) *Le Soleil*, page 77 :

« Les taches sont-elles dues à une matière obscure se répandant
au-dessus de la matière lumineuse, ou n'est-ce pas, au contraire, de
la matière lumineuse qui envahit un espace obscur? »

Le P. Secchi répond, page 78 :

« Tous les phénomènes que nous avons décrits ne nous semblent
explicables que par la seconde hypothèse. D'où vient cet espace
obscur? Comment se trouve-t-il dans la masse incandescente du
Soleil? C'est une question que nous discuterons plus tard ; pour le
moment, encore une fois, *nous constatons une chose : c'est que
dans les taches il existe une matière lumineuse qui se meut et envahit un espace moins brillant; il faudrait renoncer à toute évidence et à toute analogie physique pour soutenir le contraire.* »

C'est la matière lumineuse de la pastosphère qui recouvre la
surface supérieure du morceau de croûte qui a formé la tache.

(2) Tout le monde représente des ruisseaux distincts et séparés :
et l'on admet une photosphère nuageuse'

portent à des subdivisions d'une même tache ou à des taches formées par plusieurs morceaux l'une près de l'autre, et que nous allons examiner.

Fig. 43.

Mais auparavant, nous devons faire remarquer : que les matières lumineuses écartées par l'ascension

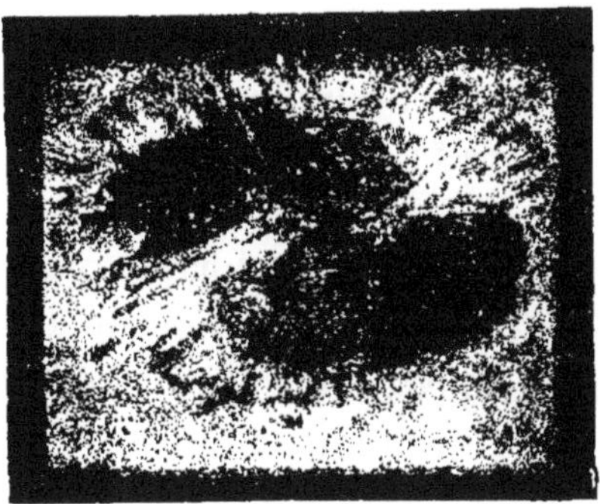

Fig. 48.

du morceau de croûte solide ne sont pas les seules qui rentrent dans la cavité de la pénombre. Il y pénètre aussi des matières du noyau dont la fusion n'est qu'à la couleur rouge cerise et dont l'apparence

simule des langues de feu quand elles restent isolées, ou des voiles roses quand elles se mélangent
avec les matières lumineuses de la pastosphère.
Aussi ces matières rouges se montrent-elles plus
étendues et plus abondantes dans les taches de
grandes dimensions.

Lorsque, dans son mouvement ascensionnel à
travers la couche pâteuse, ou lorsqu'en descendant
le morceau de croûte se brise, il peut donner naissance à plusieurs taches contiguës. Il peut en être
de même de deux ou de plusieurs morceaux détachés en même temps de la croûte solide dans le
voisinage les uns des autres. Ce que nous avons dit
des taches isolées se rapporte aussi bien à chacune
d'elles. Toutes leurs apparences sont le résultat des
mêmes causes, et les *ponts* qui les séparent ou qui
semblent les traverser sont des cloisons de matière
pâteuse et de matière lumineuse qui, n'étant pas
solides, subissent tous les changements qu'on y
observe et peuvent donner lieu, en s'affaissant, à la
réunion de plusieurs taches en une seule.

Il est facile de comprendre que l'ouverture supérieure de la cavité, dont la forme paraît arrondie
quand elle est située aux environs du centre du Soleil, prend l'apparence d'une ellipse dont un diamètre
va toujours en diminuant, à mesure qu'elle s'ap-
proche du bord, par l'effet de la rotation de l'astre;
et comment cette ellipse se réduit à une ligne qui
souvent disparaît entièrement avant qu'elle n'at-
teigne le bord [1], à cause du grand éclat de cette

---

[1] Quelquefois, lorsque l'ouverture de la cavité est très grande,

partie du disque, quoique bien inférieur à l'éclat de la partie centrale, fait qui ne s'explique pas par la théorie de la photosphère.

Explique-t-elle mieux les taches sans pénombre et les pénombres sans noyaux? Non, certes. Tandis que, pour nous, la tache sans pénombre est la présence du morceau de croûte à la surface supérieure de la photosphère, dès le moment de l'apparition de la tache et avant que ce morceau ne commence son mouvement de descente et ne donne naissance à la cavité, ainsi que nous l'avons déjà dit; et la pénombre sans noyau se manifeste lorsque les matières de la pastosphère primitivement expulsées par l'ascension du morceau de la croûte solide, rentrant dans la cavité, le recouvrent en entier, avant que celle-ci ne soit remplie. (*Panche II, fig.* 2 (E), page 21.)

Il y a deux époques bien différentes dans l'existence des taches, l'époque de la formation et celle de la disparition. La formation de la tache, proprement dite, est due au soulèvement des matières lumineuses qui *s'écoulent en s'éloignant* du point où va paraître la tache; et la disparition, qui commence à la formation de la pénombre, résulte de la descente du morceau de croûte, donne naissance aux torrents de matière lumineuse qui *convergent* vers le centre de la cavité et finissent par la faire disparaitre en la remplissant.

Pour bien apprécier ce contraste, *auquel on n'a*

en arrivant au bord du Soleil, une partie dépassant le limbe, l'autre y forme une échancrure noire. (Observations de Lahire, en 1703; de Cassini, en 1719; de Herschel, en 1800. — ARAGO, *Astr. pop.*, tome II, page 129.)

pas fait attention, il suffit de mettre les figures 32
et 33 à côté des figures 21 et 31.

Poursuivons, et demandons à la photosphère l'explication des phénomènes suivants :

« Le contour extérieur d'un noyau est toujours
net, bien défini. Cette observation de Scheiner n'a
pas été contredite [1].

« Quand le noyau d'une tache diminue et dispa-
rait, c'est ordinairement, suivant Scheiner, par un
empiétement irrégulier de la pénombre [2]. »

C'est-à-dire par l'écoulement des matières de la
pastosphère sur le morceau de croûte, écoulement
qui finit par le couvrir entièrement.

« Le noyau s'évanouit avant la pénombre. Cet
aphorisme de Scheiner est confirmé par beaucoup
d'observations d'Hévélius et de Derham [3]. »

Herschel décrit le même phénomène en ces ter-
mes :

« Un noyau qui se rétrécit et va disparaître, se
divise souvent en plusieurs noyaux distincts. Dans
ce moment la matière lumineuse du Soleil paraît
s'étendre comme un pont sur la cavité de la tache [4]. »

Y a-t-il rien de plus conforme à notre hypothèse?

(1) ARAGO, *Astr. pop.*, tome II, page 128.

Et il ajoute, page 129 :

« La pénombre se distingue de la surface apparente du Soleil, par
un brusque changement d'éclat, *par un contour nettement des-
siné.* »

Et c'est dans une photosphère nuageuse que cet effet constant
peut être produit par des cyclones, des nuages ou des courants gazeux?

(2) ARAGO, *Astr. pop.*, tome II, page 127.

(3) Id., *Ibid.*, tome II, page 128.

(4) Id., *Ibid.*, tome II, page 128.

« Francis Wollaston dit, dans un mémoire de 1774, qu'en regardant le Soleil, il a vu fortuitement une tache se briser. Les apparences, ajoute-t-il, *furent semblables à ce qui arrive lorsque, après avoir lancé une plaque de glace sur la surface d'un étang gelé, les divers fragments en lesquels la plaque se partage glissent dans toutes sortes de directions* [1]. »

N'est-ce pas là notre morceau de croûte, assez faible pour être brisé en arrivant à la surface de la pastosphère et y répandant ses fragments ? Mais ce fait seul détruit l'hypothèse de la photosphère ; et l'on est arrivé jusqu'à supposer un Soleil entièrement gazeux !

Et cette observation de Herschel, qui, à elle seule, suffirait pour trancher la question :

« *Avant l'apparition d'un grand noyau noir, on aperçoit ordinairement à la place où il va se former un très petit point noir (un pore), qui s'élargit peu à peu, et non pas plusieurs points à la fois. On dirait que la matière lumineuse solaire est graduellement écartée dans tout les sens, par un courant ascendant dirigé vers ce premier point noir, germe de la tache* [2]. »

Que pourrions-nous demander de plus décisif pour justifier l'ascension d'un morceau de croûte à travers notre pastosphère, et la formation de la tache, telle que nous l'avons donnée ?

Nous finirons par faire remarquer, d'après le P. Secchi, « que la surface du Soleil présente une

(1) Arago, *Astr.*, *pop.*, tome II, page 126.
(2) Id., *Ibid.*, tome II, page 110. Voir fig. 2 A (B, C).

apparence irrégulière et ondulée comme une mer agitée par la tempête, couverte de rides, d'anfractuosités, de grains de riz et de lucules[1]. »

Ce sont les effets du mouvement continuel que produisent dans la matière liquide et lumineuse de la pastosphère la transmission incessante de la chaleur et les efforts du noyau intérieur ou l'agitation produite par la formation des taches.

Quant à l'atmosphère solaire, nous l'avons toujours considérée comme composée de vapeurs minérales, de gaz et de vapeurs d'eau. Notre supposition s'accordant avec la composition généralement admise, explique parfaitement, comme elle, tous les phénomènes d'absorption de lumière, ainsi que ce qu'on observe pendant les éclipses de Soleil, protubérances, couronnes, etc.

Nous croyons en avoir dit assez pour prouver que le Soleil n'est réellement qu'une grosse Terre en voie de refroidissement, et composée d'un noyau obscur contenu dans une croûte solide, d'une pastosphère lumineuse et d'une atmosphère formée par des vapeurs et des gaz; enfin, pour justifier les conséquences que nous en avons déduites et expliquer tous les phénomènes que présentent la formation des taches et leur disparition.

Il nous reste cependant à parler d'un fait important, et qu'on ne manquera certainement pas de nous opposer : de la célèbre expérience d'Arago, qui n'a trouvé aucun indice de polarisation de la lumière en observant les bords du Soleil avec sa lunette po-

1 Page 34.

lariscope, et de laquelle on a conclu que la substance qui rend le Soleil visible ne pouvait être ni liquide ni solide.

Nous pourrions répondre que l'expérience d'Arago, sur les corps incandescents qu'il a étudiés, n'a porté, comme il le reconnaît, que sur un nombre très limité de corps, et qu'il serait possible qu'il y eût des exceptions. Mais nous préférons la réponse qu'il nous fournit lui-même.

« Les corps incandescents dont on a étudié, avec un polariscope, la lumière émise sous différents angles, sont les suivants : solides, le fer, le platine ; liquides, la fonte de fer et le verre en fusion. Mais qui vous autorise à généraliser? se demande Arago. Voici sa réponse : suivant les seules explications qu'on ait données de la polarisation anormale que présentent les rayons émis sous des angles aigus, tout doit se passer de même, quel que soit le liquide, pourvu que la surface d'émergence ait un pouvoir réfléchissant sensible. *Il n'y a que le cas où le corps incandescent est, quant à sa densité, analogue à un gaz, que les phénomènes de polarisation et de coloration disparaissent* [1]. »

Mais les premières couches de notre atmosphère solaire, celles qui sont les plus voisines et en contact avec la pastosphère, ne sont que des vapeurs de la matière lumineuse liquide, et lumineuses comme elle ; donc la lumière des bords du Soleil part d'un corps dont la constitution est analogue à celle des gaz ; d'un fluide aériforme incandescent, qui en-

[1] *Astr. pop.*, tome II, pages 103 et 104.

toure le Soleil d'un océan de flamme[1] ; donc l'expérience d'Arago, au lieu de la détruire, confirme notre hypothèse et l'existence d'une pastosphère liquide à la surface du Soleil.

Dans notre conviction la plus intime, nous y persistons et nous la maintenons comme l'expression de la vérité, comptant, au besoin, sur le temps et les observations futures pour la faire admettre. Et, sans avoir la témérité de nous placer à côté de Copernic et de Galilée, ces génies immortels trop longtemps méconnus ; repoussant toute idée de comparaison, que nous regarderions comme un blasphème, malgré le *si licet magnis componere parva ;* qu'il nous soit permis de les citer comme exemple, pour nous encourager à répéter :

Etsi tarda, surgit tandem veritas.

[1] Lardner, tome III, page 12.

NOTES

Il aurait fallu citer toutes les observations du P. Secchi, car toutes viennent à l'appui de notre pastosphère. Aussi, nous comprenons difficilement qu'un si grand observateur soit arrivé si près de la vérité sans l'apercevoir.

Quoi qu'il en soit, nous croyons devoir ajouter dans ces notes l'examen de quelques questions que nous avons omises pour ne pas trop fatiguer le lecteur, et dans l'espoir de dissiper les doutes qu'il pourrait encore conserver.

Les numéros des pages indiquent celles du livre *le Soleil* du P. Secchi.

Page 9 :

« En général, les taches se forment sur le bord oriental du Soleil, traversent le disque, et après quatorze jours environ, elles disparaissent au bord occidental. Il n'est pas rare de voir une même tache, après être restée invisible pendant une période de quatorze jours, apparaître de nouveau au bord oriental pour faire une seconde, quelquefois une troisième et même une quatrième révolution ; mais plus généralement elles se déforment et finissent par se dissoudre avant de sortir du disque, ou pendant qu'elles sont du côté opposé. »

Le P. Secchi généralise probablement un peu trop ce qui est relatif à la formation des taches sur le bord oriental du Soleil.

Mais pour le reste, lorsqu'on pense qu'une tache est quelquefois aussi grande que la surface de la Terre, même que la surface de Jupiter, ce qui entraîne pour la pénombre un abime immense, on comprend qu'il faille un temps aussi considérable pour que la matière de la pastosphère, en y rentrant, parvienne à la combler.

Mais que penser d'une durée aussi prolongée dans la supposition que la tache est formée dans une photosphère, dont on est bien embarrassé de définir la nature, et qui tantôt est supposée semblable à un brouillard, tantôt à une couche nuageuse ou gazeuse ? Est-ce qu'il peut exister dans une couche pareille une surface sur laquelle la tache se conserve nettement terminée, les ombres et les pénombres parfaitement tranchées [1] ? Car, « *Galilée a démontré, par l'inégalité apparente des espaces parcourus par les taches dans des temps égaux, que les taches ne peuvent être des corps détachés du Soleil et éloignés de sa surface* [2]. »

Page 12 :

« Outre les déformations apparentes des taches, à mesure qu'elles s'éloignent du centre, il y en a des réelles, et qui se montrent non seulement d'un jour à l'autre, mais dans l'espace de quelques heures. Quelquefois plusieurs taches se confondent en une seule, quelquefois une tache se divise en plusieurs autres ; changements qui influent beaucoup sur le mouvement. »

Tout cela est évident.

Les taches se déformant par la rentrée de la matière lumineuse dans la pénombre, plus elles sont petites, plus

[1] Page 10.
[2] Page 11.

les déformations sont promptes ; et quand plusieurs taches se confondent en une seule, ou qu'une tache se divise en plusieurs, dans le premier cas, c'est que l'écoulement de la matière lumineuse fait disparaître les intervalles qui les séparaient, et, dans le second, c'est le morceau de croûte qui, divisé en plusieurs morceaux, donne naissance à un pareil nombre de taches.

Pages 14 et 15 :

« Les taches ne se montrent pas indifféremment sur tous les points du disque. Elles sont peu nombreuses dans le voisinage de l'équateur, et très rares dans les latitudes supérieures à 35 ou 40 degrés. Elles se montrent en plus grande quantité dans les deux zones symétriques qu'on a appelées *zones royales*, comprises entre 10 et 30 degrés de latitude héliocentrique. »

Ces faits, qui semblent extraordinaires au premier abord, s'expliquent naturellement. Premièrement, dans les régions polaires et jusqu'à une certaine distance des pôles, la croûte solide doit être plus épaisse et peut offrir déjà une résistance suffisante aux efforts de l'intérieur pour ne plus être brisée ; et si des phénomènes constatés, l'on déduisait qu'il en est de même pour la partie correspondante à la zone équatoriale, ce qui, loin d'être inadmissible, nous paraît probable, la région dans laquelle se montrent plus volontiers les taches serait, comme elle l'est en effet, celles des deux zones dites royales.

Cette explication est conforme à notre hypothèse sur la formation de notre sytème planétaire, sur laquelle nous reviendrons plus tard, ainsi que nous l'avons dit, page 13 ; mais nous ajoutons, en passant : qui sait si, cet état des choses se prolongeant et se fortifiant, le Soleil ne s'effondrera pas, quelque jour, comme Saturne, et ne conservera pas un anneau, comme cette planète ?

Qu'on nous permette, avant de finir cette note, de relever l'expression de *zones royales*, qui semble transporter dans le ciel nos idées étroites et y établir des castes.

Nous regardons comme ayant le plus contribué à retarder la connaissance exacte de la constitution du Soleil, l'idée de supériorité que l'on a toujours eue de cet astre. Le Soleil a toujours été regardé comme l'astre par excellence, l'astre le plus pur, le plus noble de la création. On l'a même désigné comme le séjour futur des âmes bienheureuses, comme un paradis. Rien d'impur ne pouvait exister sur ce globe privilégié, d'une nature essentiellement distincte et en quelque sorte merveilleuse. Il a fallu que l'analyse spectrale vînt prouver le contraire ; mais elle n'a pas encore complétement ouvert les yeux ; *et cependant le Soleil n'est qu'une immense Terre* [1].

Page 15 :

« Le nombre des taches est très variable. Quelquefois elles sont assez nombreuses pour qu'une seule observation fasse connaître les zones qui les contiennent habituellement. Quelquefois, au contraire, elles sont si rares, qu'une année entière peut s'écouler sans qu'on en voie une seule. On a reconnu une admirable régularité dans la manière dont se succèdent ces périodes. »

Les observations ne sont pas assez nombreuses pour justifier cette régularité, qui consisterait à un retour du maximum des taches, tous les dix ou douze ans environ. Nous ne parlons pas des éléments défectueux qui entachent généralement les statistiques de toute nature.

Nous ne croyons pas davantage aux variations séculaires des taches, qui sont complétement indépendantes les unes des autres. Leur apparition étant la conséquence des

---

(1) *E pur si muove !* s'écriait Galilée.

ruptures partielles de la croûte solide, et leur nombre et leurs dimensions iront continuellement en diminuant, à mesure que cette croûte deviendra plus épaisse, jusqu'à ce qu'elle résiste complétement aux efforts des matières intérieures, époque après laquelle le Soleil pourra briller encore plus ou moins longtemps, mais finira par s'éteindre, ainsi que nous l'avons dit.

Page 33 :

« Nous avons essayé de faire une esquisse qui representât l'aspect caractéristique de la surface (du Soleil), car les détails sont impossibles à produire. Il nous semble difficile de trouver un objet connu qui rappelle cette structure ; on obtient quelque chose d'analogue en regardant au microscope du lait un peu desséché, dont les globules ont perdu la régularité de leur forme.

« Ces grains se réunissent quelquefois en petits groupes, et forment alors une masse plus brillante. »

Ils s'allongent et forment les feuilles de saule de M. Nashmith. C'est le commencement des ruisseaux de matière lumineuse qui rentrent dans la cavité. Est-ce que cette apparence de la surface du Soleil et les changements dont il vient d'être question peuvent trouver une explication dans l'hypothèse d'une photosphère nuageuse ?

Continuons :

Page 35 :

« Les grains sont animés de mouvements sensibles, mais très difficiles à déterminer au milieu de la masse brillante de la photosphère. C'est auprès des pores qu'on peut le constater plus commodément. Sur le bord de ces ouvertures, on voit les grains *s'allonger*, *se mouvoir*, et modifier complétement le contour des pores. Ainsi, au bout d'une

demi heure, le trou circulaire représenté fig. 19, se trouva
à moitié envahi; six grains occupèrent presque la moitié

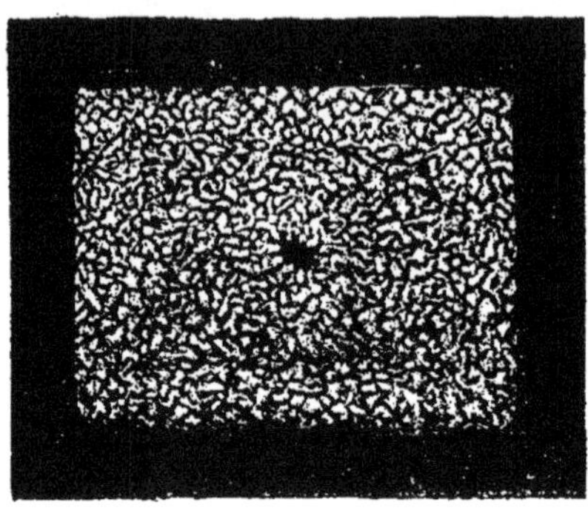

Fig. 19.

de sa surface, se disposant perpendiculairement à un diamètre passant par le centre. Au bout d'une heure, la cavité
avait complétement disparu ».

Le P. Secchi se trompe en appelant pore ce qui, d'après
lui-même, était une cavité. Il y a deux époques bien dis-
tinctes, comme nous l'avons dit pour les taches [1] : l'ascension
du morceau de la croûte solide et sa descente. C'est pendant
la première, au moment où le morceau va arriver à la
surface de la pastosphère, qu'apparaissent les pores; et c'est
la seconde qui forme la cavité, la pénombre.

Autour des pores, l'effet est tout contraire à ce qui se
passe autour des cavités. La matière lumineuse est écartée
et produit des facules (fig. 32 et 33); tandis que dans le cas de
la figure 19 et autres semblables (21, 31, etc.), les ruisseaux
lumineux convergent vers le centre de la tache. Celle dont
il s'agit n'était qu'une petite tache ou une tache qui avait
été assez grande, mais dont la pénombre était sur le point
d'être comblée.

[1] Voir page 33.

Quoi qu'il en soit, il est impossible de rendre compte de pareils phénomènes autrement que par une matière lumineuse liquide. Nous ne pouvons nous empêcher d'exprimer de nouveau notre étonnement, qu'un aussi grand observateur que le P. Secchi ait approché tant de fois de la vérité sans la reconnaître, et que dans le cas particulier que nous examinons il se soit laissé aller (page 39) à douter de la réalité du phénomène qu'il décrit si bien, ait cru qu'il pouvait n'être qu'une apparence et ait pensé qu'on pouvait soutenir cette hypothèse par ce qui se passe quelquefois pour les nuages qui flottent dans notre atmosphère.

Page 45 :

« Ces phénomènes sont très intéressants, et nous pouvons en tirer une conséquence :

« C'est que la forme ronde est pour ainsi dire la forme normale à laquelle parviennent toutes les taches lorsqu'elles sont complétement formées. Après être passées par cette forme, elles sont de nouveau envahies par des filets brillants qu'on appelle des *ponts* et par la matière qui part des bords et envahit le centre.

« La description que l'on vient de lire montre que le phénomène des taches n'est pas purement superficiel ; il a son siége dans les profondeurs de la masse solaire, qu'il remue et bouleverse dans une étendue quelquefois très considérable. »

Mais cette forme ronde des taches n'est-elle pas le résultat du concours de la matière liquide qui se précipite dans la cavité ? Les ponts ne sont que des ruisseaux considérables qui se manifestent sur le morceau de croûte, au fond de la pénombre, lorsque la matière qui part des bords envahit le centre, comme le dit très bien le P. Secchi.

Ah ! si la lecture de cet opuscule pouvait ébranler un peu sa foi pour la photosphère, les nouvelles observations qu'il pourra faire, et nous comptons beaucoup sur elles, lui feraient bien vite voir, en confirmant de plus en plus les résultats qu'il a obtenus, que notre pastosphère seule en donne l'explication satisfaisante et complète.

Page 53 :

« Cette structure rayonnante de la pénombre est très constante; elle avait été déjà remarquée par Capocci, par Pastorff et par sir John Herschel.

« *Ces courants sont moins condensés, moins lumineux, et semblent moins épais dans la région extérieure de la pénombre*, à l'endroit où ils se détachent de la photosphère; tandis que, dans le voisinage du noyau, *ils se pressent, se condensent et deviennent plus brillants*; d'où il résulte que la partie intérieure est notablement plus éclairée. Cette région acquiert quelquefois un tel éclat, qu'on peut la comparer à la photosphère, et la tache semble alors formée de deux anneaux concentriques également brillants. *Ce n'est pas là un effet de contraste, mais une condensation réelle de la matière* (fig. 21). Ce fait est très important, et les physiciens ne l'ont pas assez remarqué, *quoique les observateurs l'aient exactement représenté dans leurs dessins*. Nous en trouvons un autre exemple dans la tache (fig. 31). »

Les courants étant isolés et séparés par les matières intérieures de la pastosphère, moins lumineuses que celles de la surface, doivent paraître effectivement moins condensés, moins lumineux et moins épais, que lorsqu'ils se réunissent et se confondent sur le noyau, où *ils se pressent, se condensent et deviennent nécessairement plus brillants*. De là, l'apparence de deux anneaux concentriques également lumineux [1], effet qui ne peut réellement résulter que de la condensation d'une matière lumineuse et liquide.

____

[1] Cette particularité est surtout remarquable, dans les taches formées par un seul morceau de croûte et dont le soulèvement s'est opéré d'une manière

Nous nous arrétons, et nous attendons, avec confiance, le résultat de l'examen sérieux que nous sollicitons.

relativement régulière et tranquille, comme pour les taches des figures déjà citées, 21 et 31.